Sven-David Müller

Die Grundlagen der Enteralen Ernährung

Künstliche Ernährung aus ernährungswissenschaftlicher sowie ernährungsmedizinischer Sicht

GRIN Verlag

Bibliografische Information der Deutschen Nationalbibliothek:

Die Deutsche Bibliothek verzeichnet diese Publikation in der Deutschen National-
bibliografie; detaillierte bibliografische Daten sind im Internet über http://dnb.d-
nb.de/ abrufbar.

Impressum:

Copyright © 2010 GRIN Verlag GmbH
Druck und Bindung: Books on Demand GmbH, Norderstedt Germany
ISBN: 978-3-640-82747-3

Dieses Buch bei GRIN:

http://www.grin.com/de/e-book/158217/die-grundlagen-der-enteralen-ernaehrung

Grundlagen der enteralen Ernährung mit Trink- und Sondennahrung

1 Einleitung

Die ersten Versuche von Nährklistieren gehen bereits auf die alten Ägypter zurück.[1] In den „Papyros Ebers", einer der frühesten schriftlichen Überlieferungen medizinischen Wissens (um 3.400 vor Chr.) finden sich detaillierte Beschreibungen über Art, Zusammensetzung und Applikationsweise von Nährklistieren. In der heutigen Zeit stehen eine Reihe unterschiedlicher Präparate und Techniken für die klinische Ernährung zur Verfügung. Sie dienen als Basis, um die Ernährungstherapie gezielt auf verschiedene Indikationen und Ernährungserfordernisse zuschneiden zu können.

Sowohl enterale als auch parenterale Ernährungsformen werden unter dem Begriff klinische Ernährung zusammengefasst. Die Nahrungsaufnahme erfolgt nicht mit üblichen Lebensmitteln, sondern mit Infusionslösungen oder bilanzierten Diäten (Supplement, Trink- und Sondennahrung; pulverisiert oder flüssig). Für viele Patienten ist die klinische Ernährung der entscheidende Faktor im Gesamtbehandlungskonzept zur Wiederherstellung und/oder Aufrechterhaltung ihrer Gesundheit und Lebensqualität. Wichtige Beispiele sind Patienten mit Morbus Crohn, Colitis ulcerosa, Schluckstörungen, HIV-Infektion oder AIDS und Tumorpatienten[2,3,4,5]. Die Ernährungstherapie kann andere therapeutische Maßnahmen unterstützen, Komplikationen vermeiden und die Rekonvaleszenz verkürzen.

Die Indikation zur klinischen Ernährung ist bei (drohender) Mangelernährung des Patienten, erhöhtem Energieverbrauch und bei verlängerter Nahrungskarenz gegeben.[6] Der Nutzen einer gezielten Ernährungstherapie hängt von der Länge der Nahrungskarenz und der Ausprägung des Ernährungsdefizits ab.[7] Während gut ernährte Patienten auf jeden Fall nach einer 5 bis 7tägigen Nahrungskarenz eine gezielte Ernährungstherapie erhalten sollten, sollte bei einer drohenden oder bereits manifesten Mangelernährung so früh wie möglich mit der Ernährungstherapie begonnen werden.[8,9] Bei Patienten, bei denen keine orale Nahrungsaufnahme möglich ist, da sie nicht (ausreichend) essen können, dürfen oder wollen, ist die Indikation zur enteralen Ernährung mit Trink- und Sondennahrungen gegeben. Bei einer unzureichenden Ernährungssituation, bei der weiterhin ein Teil des Energie-, Nähr- und Wirkstoffbedarfs über herkömmliche Lebensmittel gedeckt werden kann, sollten zusätzlich orale Aufbau- und Zusatznahrungen verabreicht werden. Beispiele für Indikationen zur klinischen Ernährung sind:[1,10,11]

- Schluckstörungen infolge von Erkrankungen oder Lähmungen im Bereich von Mundhöhle, Oesophagus und Gesicht
- Bewusstseinsstörungen/Bewusstlosigkeit (u. a. nach Schlaganfall, Koma, Schädelverletzungen)
- konsumierende Erkrankungen (z. B. Tumorerkrankungen, HIV/AIDS)
- Mucoviszidose
- Nach schweren Magen-Darm-Infektionen mit Erbrechen und Durchfällen

- Stenosen oder Fisteln des Darms (enterale Ernährung eingeschränkt indiziert)
- schwere Leber- und Nierenerkrankungen
- Mangelernährung
- Anorexia nervosa
- Verwirrtheit, Demenz

2 Enterale Ernährung

Die enterale Ernährung mit Trink-/Sondennahrung sollte dann gewählt werden, wenn stabile Stoffwechselverhältnisse vorliegen und eine zumindest partielle digestive und absorptive Funktion des Gastrointestinaltrakts vorhanden ist. Die Applikation erfolgt oral als Trinknahrung, entweder zur ausschließlichen oder zur ergänzenden Ernährung (beispielsweise eiweißreiche Supplemente = Zusatznahrungen) oder gastral, duodenal bzw. jejunal als Sondennahrung. Für die Sondenernährung über einen relativ kurzen Zeitraum (< 4 Wochen) und für Fälle, in denen die Ernährungsdauer unklar ist, wird in der Regel eine Nasensonde (Austritt der Sonde durch die Nase) gewählt. Wird die Ernährungstherapie über einen längeren Zeitraum benötigt, ist die Anlage einer transkutanen (Austritt durch die Bauchdecke) Sonde (FKJ = Feinnadelkatheter-Jejunostomie, PEG = Perkutane endoskopisch kontrollierte Gastrostomie) vorteilhafter.

Bis vor 30 Jahren war selbst hergestellte Trink- oder Sondennahrung die einzige verfügbare Form dieser Nahrungen. Diese wurde aus gekochten oder aus frischen Lebensmitteln hergestellt, im Mixer zerkleinert und durch sehr großlumige Sonden (Küchensonden) gegeben oder oral verabreicht. Da bei dieser Art der Herstellung weder die genauen Mengen an Inhaltsstoffen definiert noch die hygienischen Anforderungen eingehalten werden können, entspricht die Zusammensetzung nicht den gesetzlichen Vorgaben. Um Sondenverstopfungen zu vermeiden, werden diese Nahrungen vor der Applikation oftmals stark verdünnt. In der Folge kann es zu einer Unterversorgung der Patienten mit Energie und Nährstoffen kommen, da auf diese Weise die Kaloriendichte deutlich reduziert wird.

Für die enterale Ernährung sollten heutzutage ausschließlich industrielle bilanzierte Diäten eingesetzt werden, die bezüglich ihrer Zusammensetzung genau gesetzlich definiert sind. Bilanzierte Diäten sind diätetische Lebensmittel für besondere medizinische Zwecke, deren Nährstoffzusammensetzung (Mindest- und Höchstmengen an Vitaminen, Mineralstoffen und Spurenelementen) durch die Richtlinie 1999/21/EG der Kommission vom 25. März 1999 geregelt wird. Diese Richtlinie löste die Diätverordnung ab, die in § 14b sowie Anlage 6 und 7 die Zusammensetzung regelte. [41]

In der Regel beträgt die Kaloriendichte von bilanzierten Diäten 1 kcal/ml, jedoch werden auch hyperkalorische (1,5 bis 1,6 kcal/ml) sowie hypokalorische (0,75 kcal/ml) Nahrungen angeboten.

2.1 Bedarfsdeckende bilanzierte Diäten

Bedarfsdeckende bilanzierte Diäten enthalten (ausgehend vom Energiebedarf) alle essentiellen und nicht essentiellen Nähr- und Wirkstoffe (Vitamine und Mineralstoffe (Mengen- und Spurenelemente)) zur ausschließlichen enteralen Ernährung. Lediglich Flüssigkeit muss - abhängig von der Kaloriendichte der Nahrung und dem individuellen Bedarf des Patienten - zusätzlich verabreicht werden. Die Dosierung wird für jeden Patienten entsprechend dem Energiebedarf unter Berücksichtigung möglicher individueller oder klinischer Einschränkungen oder Bedürfnisse berechnet. Bei den bedarfsdeckenden bilanzierten Diäten wird unterschieden zwischen nährstoffdefinierten Diäten und chemisch definierten Diäten. Nährstoffdefinierte Diäten (= NDD, Synonym: hochmolekulare Diäten) sind hochmolekulare Nahrungen und enthalten Nährstoffe (Kohlenhydrate, Fette, Eiweiße) in komplexer Form. Dies setzt bei der Verwendung von nährstoffdefinierten Diäten voraus, dass die Verdauungs- und Resorptionsleistung des Gastrointestinaltraktes weitgehend normal und intakt ist. Die Nährstoffrelation dieser so- genannten Standardnahrungen entspricht in Anlehnung an die DGE-Empfehlungen denen der üblichen oralen Ernährung. Wird ein Patient über einen längeren Zeitraum (> 7 bis 10 Tage) per Sonde ernährt oder allmählich von flüssiger auf feste Kost umgestellt, empfiehlt sich die Verwendung von ballaststoffreichen Diäten,[12] sofern die Funktionalität des Magen-Darm-Traktes dies zulässt. Die Nährstoffrelation von NDD kann verändert sein, wenn neben der optimalen Deckung des Energie-, Nähr- und Wirkstoffbedarfs zusätzlich spezielle therapeutische Ziele verfolgt werden oder Stoffwechselstörungen beim Patienten vorliegen. Für diese Fälle gibt es modifizierte NDD. Zu solchen Spezialdiäten zählen beispielsweise eiweiß(reduzierte)modifizierte Diäten bei chronischer Niereninsuffizienz, kohlenhydrat-/fettmodifizierte Diäten bei Diabetes mellitus und fettmodifizierte Diäten, die bei Patienten mit Fettmalabsorption, onkologischen Erkrankungen oder Erkrankungen der Lunge und Atemwege (Herabsenkung des respiratorischen Quotienten) eingesetzt werden.[9,13] Nährstoffdefinierte Diäten und modifizierte NDD´s (Spezialdiäten) sind sowohl für die Applikation per Sonde als auch als Trinknahrung geeignet. Als Sondenkost sind die Nährlösungen in der Regel geschmacksneutral. Chemisch definierte Diäten (= CDD, Synonym: niedermolekulare Diäten, Oligopeptiddiäten, Peptiddiäten) enthalten Nährstoffe in niedermolekularer Form: Oligopeptide (vorrangig Di-/Tripeptide), teilhydrolysierte Proteine, Mono-, Di- und Oligosaccharide sowie mittelkettige Triglyceride. Chemisch definierte Diäten können bei gestörter Digestions- und/oder Resorptionsleistung eingesetzt werden, da die Notwendigkeit zur enzymatischen Aufspaltung hochmolekularer Nährstoffe weitgehend entfällt. Bislang wurden die meisten Oligopeptiddiäten als Sondennahrung eingesetzt, da aufgrund der Eiweißhydrolysate der Geschmack vielfach nicht akzeptabel ist. Mittlerweile sind auch Peptidnahrungen erhältlich, bei denen die bittere Geschmackskomponente reduziert wurde und die im Gegensatz zu herkömmlichen Elementar- und Oligopeptiddiäten einen angenehmen Geschmack aufweisen. Um die Compliance bei den Patienten zu fördern, können geschmackliche Variationen durch die Zugabe von Aroma-Mischungen erzielt werden.

2.2 Ergänzende bilanzierte Diäten

Ergänzende bilanzierte Diäten (Synonyme: Supplemente, orale Aufbau- und Zusatznahrungen) dienen der Nahrungssupplementierung. Da sie in der Regel nicht zur ausschließlichen Ernährung eingesetzt werden, müssen sie nicht alle in der Diätverordnung vorgesehenen Nährstoffe in den dort angegebenen Mengen enthalten. Die ergänzende bilanzierte Diät soll ein Energie- oder Nährstoffdefizit ausgleichen oder einem Mehrbedarf gerecht werden. Mögliche Indikationen sind Mangel- und Unterernährung, Appetitlosigkeit, mangelnde Nahrungszufuhr infolge von Kau- und Schluckstörungen sowie konsumierende Erkrankungen wie beispielsweise Krebs und HIV-Infektion (insbesondere HIV-Stadium AIDS). Für den Erfolg der Ernährungstherapie mit Supplementen ist deren Geschmack, Konsistenz (Viskosität), Geruch und Aussehen von entscheidender Bedeutung. Heute werden eine Vielzahl von verschiedenen Nahrungstypen angeboten: Süßer oder pikanter Geschmack, unterschiedliche Serviermöglichkeiten, Serviertemperaturen, Abwandlungsmöglichkeiten und Konsistenzen (flüssig, breiförmig) fördern die Akzeptanz der Supplemente.

3 Parenterale Ernährung

Nur in den Fällen, in denen sich eine enterale Ernährung nicht realisieren lässt, ist eine Indikation zur totalen parenteralen Ernährung (TPN) gegeben. Die Notwendigkeit zur parenteralen Ernährung besteht, wenn eine gastrointestinale Nahrungszufuhr unmöglich ist. Dies ist etwa bei Ileus, hochgradigen Stenosen im Bereich des Magen-Darm-Kanals, unstillbarem Erbrechen, akuter Pankreatits (akute Pancreatitis ist nach aktuellen Erkenntnissen keine absolute Kontraindikation für eine enterale Ernährung mehr) oder schweren Stoffwechselentgleisungen der Fall.[7,14] Heute ist prä-, post- und intraoperativ eine enterale Ernährung mit Spezialnahrungen möglich.[15] So zeigt beispielsweise eine Metaanalyse von acht prospektiven Studien, dass die Häufigkeit postoperativer septischer Komplikationen unter enteraler Ernährung signifikant geringer ist als unter parenteraler Ernährung.[16]

Im Gegensatz zur enteralen Ernährung gibt es bei der parenteralen Ernährung keine voll bilanzierten, den Bedarf der Patienten vollständig deckenden Infusionslösungen. Handelsübliche Komplettlösungen enthalten neben Aminosäuren und Kohlenhydraten auch Mineralstoffe. Lipide, Vitamine und Spurenelemente müssen je nach Bedarf zusätzlich gegeben bzw. der sogenannten Komplettlösung hinzugefügt werden. Individuell auf jeden einzelnen Patienten abgestimmte Ernährungskonzepte müssen aus Einzelkomponenten, die Kohlenhydrate, Fette, Aminosäuren, Vitamine, Spurenelemente bzw. Elektrolyte enthalten, zusammengesetzt werden. Da es sich bei diesen Lösungen um Arzneimittel und nicht um Lebensmittel handelt, unterliegt die parenterale Ernährung dem Arzneimittelgesetz. Die Mischung der Einzelkomponenten ist in einer Rezeptur festgelegt. Bei korrekter Berechnung ergeben die verschiedenen Infusionslösungen und Zusätze eine vollständige, den Energie-, Nährstoff- und Flüssigkeitsbedarf des Patienten deckende parenterale Nährlösung. In ihrer konventionellen Form entspricht die Nährstoffzusammensetzung der parenteralen Ernährung den Empfehlungen, die auch für die Ernährung Gesunder bekannt sind. Die Applikation der parenteralen Nährlösung erfolgt über zentrale oder periphere Venenkatheter unter Umgehung des Verdauungstraktes. Die Nährstoffe liegen in wasserlöslicher und für die Gewebe und Organe direkt verwertbarer Form vor. Das heißt, es werden Aminosäuren, Glukose oder Xylit sowie Fettemulsionen infundiert. Die parenterale Ernährung kann als hypokalorisches Ernährungskonzept (partielle parenterale Ernährung) oder als vollständige, bedarfsdeckende, im Einzelfall auch als bedarfsüberschreitende parenterale Ernährung (totale parenterale Ernährung) eingesetzt werden.

4 Vergleich enterale Ernährung versus parenterale Ernährung

90 Prozent der Patienten, die auf die Zufuhr klinischer Ernährung angewiesen sind, können aus ernährungsmedizinischer Sicht enteral ernährt werden. In der Klinik wird jedoch die Mehrzahl dieser internistischen, onkologischen, pädiatrischen, geriatrischen, neurologischen oder kieferchirurgischen Patienten noch parenteral ernährt. Die enterale Ernährung ist der parenteralen vorzuziehen, da sie mehr den physiologischen Verhältnissen der normalen oralen Ernährung entspricht und risikoärmer, weniger pflegeintensiv und kostengünstiger ist.[17,18]

4.1 Physiologie

Die Zufuhr der parenteralen Ernährung erfolgt über einen peripheren oder zentralen Venenkatheter unter Umgehung des Gastrointestinaltraktes. Aus dieser unphysiologischen Nährstoffapplikation heraus ergeben sich Veränderungen im Stoffwechsel von Glukose, Aminosäuren und Lipiden, die bei der enteralen Ernährung nicht auftreten. Bei enteraler Nahrungszufuhr wird die resorbierte Glukose je zur Hälfte im Muskel und in der Leber verstoffwechselt.[18] Der Aminosäurestoffwechsel erfolgt zu weniger als 50 Prozent über die Leber. Enteral zugeführte Fette werden als langkettige Triglyzeride (LKT) zum großen Teil im Fettgewebe gespeichert und als mittelkettige Fettsäuren (MKT) überwiegend in der Leber verstoffwechselt. Bei parenteraler Zufuhr werden 80 Prozent der Glukose im Muskel und nur 20 Prozent in der Leber verstoffwechselt.[18] Gleichzeitig übersteigt der Anteil des hepatischen Aminosäurestoffwechsels 50 Prozent. Parenteral zugeführte Fette werden auch bei einem Gemisch aus LKT-/MKT-Fetten zu 70 Prozent im Fettgewebe gespeichert. Die enterale Ernährung weist im Vergleich zur parenteralen Ernährung physiologische Stoffwechseleffekte auf. Ein Beispiel hierfür ist auch die Freisetzung von Insulin nach Glukosezufuhr. Die enterale Nährstoffzufuhr hat trophische Effekte auf die Darmschleimhaut, wodurch der Erhalt der strukturellen und funktionellen Eigenschaften der Dünndarmmukosa unterstützt wird.[14] Bei totaler parenteraler Ernährung entfällt dieser trophische Effekt und es kann bereits nach einigen Tagen zu einer Rückbildung der Dünndarmzotten kommen (Atrophie). Ebenso wird eine Reduktion der Aktivität der Mukosaenzyme (beispielsweise nachlassende Laktaseaktivität und –menge, die eine sekundäre Laktoseintoleranz hervorrufen kann) beobachtet. Durch die Zottenatrophie ist die Resorptionsfähigkeit der Darmschleimhaut vermindert. Der Einsatz parenteraler Ernährung kann auch mit Störungen der Barrierefunktion der Darmmukosa einhergehen, woraus die Gefahr der bakteriellen Translokation von Keimen aus dem Darmlumen in die Blutbahn mit nachfolgenden systemischen Infektionen (beispielsweise Sepsis) steigt. Bei enteraler Ernährung bleibt hingegen die Bakterienflora des Colon weitgehend unverändert, insbesondere dann, wenn für die bilanzier-

te Diät ein ausgewähltes Ballaststoffmuster mit prebiotischen Anteilen eingesetzt wird.[19,20]

4.2 Durchführung

Die Durchführung der enteralen Ernährung ist im Vergleich zur parenteralen
Ernährung einfach. Dem behandelnden Arzt und den Pflegekräften stehen
Trink- und Sondennahrungen zur Verfügung, die aufgrund ihrer Zusammensetzung eine bedarfsdeckende Ernährung des Patienten ermöglichen. Die Kalo-
rien- und Flüssigkeitszufuhr wird individuell an die Bedürfnisse jedes einzelnen
Patienten angepasst. Die Zufuhr der enteralen Ernährung kann entweder oral
als Trink- oder Zusatznahrung oder über eine Sonde erfolgen. Die Sondenzu-
gänge sind leicht zu legen, zu versorgen und bei Bedarf auch komplikationslos
auszutauschen. Um eine möglichst gute Verträglichkeit der Nahrung zu ge-
währleisten, sollte der Kostaufbau nach einer krankheitsbedingten Fastenperio-
de einschleichend, auf mehrere kleine Portionen verteilt, erfolgen. Gegenüber
der enteralen Ernährung ist der Aufwand und die Komplikationsrate bei der parenteralen Ernährung wesentlich größer. Die zentralvenösen Gefässzugänge
stellen - auch bei sorgfältiger Pflege - ein Infektionsrisiko für den Patienten
dar.[18]

Tab.: Kostaufbau mit nährstoffdefinierter Diät bei Gastralsonde

	Stufe 1	Stufe 2	Stufe 3	Stufe 4	Stufe 5
Zugeführte Menge Sondennahrung pro Tag (ml)	500	1000	1500	2000	2000
Zufuhrgeschwindigkeit (ml/Stunde)	40-60	bis 80	bis 120	bis 150	bis 250
Ernährungsdauer (Stunden)	8,5-10,5	12,5	12,5	13,5	8
Energiezufuhr durch die Sondennahrung (kcal)	500	1000	1500	2000	2000
Flüssigkeitszufuhr durch die Sondennah-rung (ml)	420	840	1260	1680	1680
Zusätzliche Flüssigkeit (ml)	1500-2000	1000-1500	500-1000	500-1000	500-1000

4.3 Kosten

Neben den ernährungsphysiologischen Vorteilen ist die enterale Ernährung weniger kostenintensiv als die parenterale Ernährung. Enterale Nährlösungen sind
um ein Vielfaches preiswerter als die für eine vollständige parenterale Ernährung notwendigen Infusionslösungen und Zusätze. Die Preise für enterale
Nährlösungen liegen zwischen DM 20/Tag pro 2000 kcal für nährstoffdefinierte
Standardnahrungen (im Klinikbereich circa 10 DM/Tag) und DM 30 pro 2000
kcal/d für chemisch definierte Diäten.[1] Über die Kosten für die Nähr- bezie-
hungsweise Infusionslösungen hinaus müssen für die Gesamtkalkulation noch

die Kosten für Arzt- und Pflegedienstleistungen, Laboruntersuchungen, Geräte und Verbrauchsmaterial berücksichtigt werden. Auch in Hinblick auf diese Aspekte ist die enterale Ernährungsform wesentlich kostengünstiger, so dass die durchschnittlichen Tageskosten für die enterale Ernährung zwischen 25 (bei Behandlung auf der Intensivstation) und 130 Prozent (bei Behandlung auf der Normalstation) niedriger sind als die der parenteralen Ernährung[21].

5 Diätetische Therapie der Mangelernährung

Zahlreiche epidemiologische Studien zeigen, dass viele Patienten bei Klinik-Einweisung mangelernährt sind.[9,22] So sind über 25 Prozent aller erwachsenen Patienten in deutschen Akutkrankenhäusern untergewichtig.[23] Noch alarmierender ist dieser Anteil bei geriatrischen Patienten. In der Altersgruppe der über 75-Jährigen sind mehr als die Hälfte der Patienten bei der Klinikaufnahme mangelernährt.[24] Neben dem zu geringen Körpergewicht sind häufig auch die Laborwerte der Patienten unbefriedigend und belegen die unzureichende Energie-, Protein-, Mineralstoff- und Vitaminzufuhr.[25] Bei hochbetagten geriatrischen Patienten werden wesentlich häufiger Hinweise für eine Mangelernährung festgestellt als bei gesunden jüngeren Senioren und bei gesunden gleichaltrigen Senioren.[26] Ebenso weisen zahlreiche Studien darauf hin, dass der Ernährungsstatus bei Bewohnern von Alten- und Pflegeheimen deutlich schlechter ist als bei zu Hause lebenden Senioren. Bei einem nach Altersgruppen geschichteten Vergleich zwischen Krankenhauspatienten und der Allgemeinbevölkerung zeigt sich, dass starkes Übergewicht unter Krankenhauspatienten deutlich seltener und Untergewicht entsprechend häufiger vorkommt.[23]

6 Erfassung des Ernährungszustandes

Die Erhebung des Ernährungszustandes schließt bei umfassender Betrachtung die klinische Untersuchung, anthropometrische Messungen (beispielsweise Hautfaltendickemessung) und die Bestimmung ernährungsabhängiger Blut- und Urinwerte mit ein.[27] Die Evaluation der Befunde erfolgt durch Vergleich mit sogenannten Standard- oder Normalwerten, die von Untersuchungen repräsentativer, gesunder Bevölkerungsgruppen abgeleitet sind. Da die einzelnen Untersuchungsparameter unterschiedliche Bedeutung und Aussagekraft für die Beurteilung des Ernährungszustandes haben, sollten verschiedene Untersuchungen durchgeführt werden, um ein vollständigeres Bild zu erhalten.

• klinische Untersuchung:

⇒ subjektive Beurteilung des Patienten nach dem äußeren Erscheinungsbild

⇒ Anamnese von Besonderheiten und Auffälligkeiten (z. B. Übelkeit, Erbrechen, Durchfall)

⇒ Untersuchung nach Mangelsymptomen an oberflächlichen Geweben (z. B. Haut (inkl. Hautturgor für Flüssigkeitsstatus), Haare, Mundschleimhaut)

⇒ Untersuchung nach weiteren charakteristischen Besonderheiten (z. B. Krämpfe)

• Anthropometrische Messungen

⇒ Messung von Körpergröße und Körpergewicht

⇒ Bestimmung von Umfang und Hautfaltendicke an definierten Körperstellen (z. B. am
Oberarm)
⇒ Bestimmung der Körperzusammensetzung mit der Bioelektrischen Impedanz Analyse (BIA).
• Bestimmung ernährungsabhängiger Blut- und Urinlaborparameter in Körperflüssigkeiten (Vollblut, Serum und Urin) oder Geweben (z. B. Erythrozyten)
⇒ Nährstoffkonzentrationen (z. B. Vitamine, Mineralstoffe, Cholesterin)
⇒ Konzentrationen ernährungsabhängiger Parameter (z. B. Albumin, Transferrin, Hämoglobin)
⇒ funktionelle Parameter (z. B. Aktivitäten ernährungsabhängiger Enzyme wie der Glutamat-Oxalacetat-Transferase oder der Glutathionperoxidase)
⇒ Stoffwechselendprodukte (z. B. retinolbindendes Protein (RBP), Harnstoff, Kreatinin)

Abb.: Untersuchungsparameter zur Diagnostik von Mangelernährung

Diese routinemäßige Erfassung des Ernährungszustandes ist jedoch bei stationär aufgenommenen geriatrischen Patienten häufig nicht durchzuführen, da die Methoden zeit- und geräteintensiv sind. Vielfach scheitert sie auch daran, dass die Patienten körperlich und geistig nicht in der Lage sind, sich den Untersuchungen zu unterziehen oder bei der Anamnese mitzuarbeiten.[28] Weiterhin werden biochemische Untersuchungen besonders bei älteren Menschen durch die häufig vorliegende Multimorbidität nachhaltig beeinflusst. Gültige Normbereiche liegen für diese Altersgruppe vielfach nicht vor.[29] Sowohl im stationären als auch im ambulanten Bereich werden daher Screeninginstrumente benötigt, mit deren Hilfe innerhalb kürzester Zeit eine bestehende oder beginnende Unterernährung festgestellt werden kann.[30] Risikopatienten sollen auf diese Weise frühzeitig erkannt und einer geeigneten Ernährungstherapie zugeführt werden.

7 Ursachen einer Mangelernährung
Mangelernährung ist die Folge einer negativen Energie- bzw. Nähr-/Wirkstoffbilanz (Wirkstoffe = Mineralstoffe, Vitamine). Mangelernährung kann mit und ohne Untergewicht einhergehen. Die aufgenommene Energie- bzw. Nähr-/Wirkstoffmenge ist geringer als der aktuelle Bedarf. Dies kann sowohl bei normalem als auch bei krankheits-/ situationsbedingt erhöhtem Bedarf (beispielsweise Schwerstbrandverletzte) der Fall sein. Die Ursachen für eine Unterernährung sind vielfältig. Wesentliche Einflussfaktoren, die z. B. die Mangelernährung im Alter begünstigen, können u. a. physiologische Altersveränderungen, Krankheits- und Medikamenteneinnahme sowie körperliche oder psychische Beeinträchtigungen sein:[4,11,25,31,32]

• **Anorexie / Appetitlosigkeit**
⇨ Krankheiten und damit verbundene Schmerzen (besonders häufig bei Tumor- und AIDS-Patienten)
⇨ Medikamenteneinnahme (z. B. Psychopharmaka oder Antibiotika), Chemo- oder Strahlentherapie
⇨ sekundäre psychologische Faktoren (z. B. Angst, Trauer, Depression)

⇨ physiologische Altersveränderungen (z. B. verändertes Geschmacks-
empfinden)
• **Metabolische Ursachen**
⇨ schwerer Hypermetabolismus und Kachexie (z. B. infolge von
Tumorerkrankungen, AIDS, Herzinsuffizienz)
⇨ Stoffwechselstörungen, die zur Abnahme der Körperzellmasse führen
• **Mechanische Beeinträchtigungen**
⇨ neurologische Erkrankungen, gestörte Feinmotorik (z. B. Dysphagie,
Multiple Sklerose, Schlaganfall)
⇨ Lethargie, allgemeiner Schwächezustand
⇨ Zahnprobleme
⇨ Kau- und Schluckstörungen
⇨ gastrointestinale Erkrankungen (z. B. Verengung oder Verkürzung der
Darmpassage)
• **Sozio-ökonomische Faktoren**
⇨ Armut
⇨ Einsamkeit
⇨ belastendes Lebensereignis (z. B. Tod des Partners)
• **Malabsorption**
⇨ krankheitsbedingt (z. B. infolge von Leber- und Nierenerkrankungen,
diabetischen Neuropathien, Pankreasinsuffizienz)
⇨ spezifische Malabsorptionssyndrome (z. B. einheimische Sprue,
chronisch entzündliche Darmerkrankungen, Kurzdarmsyndrom)
⇨ Arzneimittel (z. B. zur Chemotherapie, Antibiotika)
⇨ Infektionen (z. B. opportunistische Infektionen bei AIDS)
⇨ verminderte Resorptionsfähigkeit bei Hochbetagten
• **Hospitalisation**
⇨ Nahrungskarenz aufgrund von Untersuchungen
⇨ ungewohnte Speisenzusammenstellung in der Klinik/im Heim

Abb.: Ursachen der Mangelernährung

8 Folgen der Mangelernährung
8.1 Klinische Konsequenzen der Mangelernährung

Ein Verlust von 10 bis 20 Prozent des Körpergewichts aufgrund von Erkrankungen kann zu schwerwiegenden Störungen der Körperfunktionen führen.[33,34]
Im Alter wirkt sich der Verlust von Körpergewicht noch gravierender aus als bei
jüngeren Personen, da die fettfreie Körpermasse (beispielsweise Muskulatur)
ohnehin geringer und die Anfälligkeit für Störungen der physischen und psychi-
schen Funktionen größer ist.[27] Neben dem Gewichtsverlust und der Abnahme
an fettfreier Körpermasse kommt es durch die Mangelernährung zu Erschöp-
fung und reduzierter Belastbarkeit, Schwächung des Immunsystems und ver-
zögerter Wundheilung.[35,36,37] Auch die Verträglichkeit von Medikamenten oder
Therapiemaßnahmen wird dadurch beeinträchtigt. Das Risiko für Komplikationen ist erhöht.[38] Insgesamt wird die Rekonvaleszenz verzögert und die Lebensqualität des Patienten beeinträchtigt.

8.2 Ökonomische Konsequenzen der Mangelernährung

Dass eine hohe Prävalenz von Mangelernährung zu Kostensteigerungen im Gesundheitswesen führt, wird besonders durch Untersuchungen aus Amerika klar dokumentiert. So konnte beispielsweise gezeigt werden, dass mangelernährte Patienten sich durch das vermehrte Auftreten von Komplikationen, wie z. B. Infektionen, länger in stationärer Behandlung befinden als Normalgewichtige.[39] Die Steigerung der Behandlungskosten ist sowohl Folge der Behandlung und Kontrolle dieser Komplikationen als auch der verlängerten Aufenthaltsdauer in der Klinik. Eine Studie an amerikanischen Kliniken zeigte, dass sich die Verweildauer im Krankenhaus bei Patienten, die ein erhöhtes Risiko für eine Mangelernährung aufweisen, um durchschnittlich 5,5 Tage verlängerte. Die mittleren Klinikkosten pro Risikopatient betrugen mehr als das Doppelte dessen, was ein Patient mit zufriedenstellendem Ernährungszustand an Kosten verursacht.[40]

8.3 Erstattungs- und Verordnungsfähigkeit

Die Erstattungsfähigkeit von enteraler Ernährung ist in den Arzneimittelrichtlinien vom 31. August 1993 unter 17.1 i geregelt: Zulässig sind Aminosäurenmischungen und Eiweißhydrolisate bei angeborenem Enzymmangelkrankheiten, Elementardiäten bei Morbus Crohn, Kurzdarmsyndrom, stark Untergewichtigen mit Mucoviszidose, bei Patienten mit terminaler Niereninsuffizienz unter eiweißarmer Ernährung und bei Patienten mit konsumierenden Erkrankungen sowie medizinisch indizierte Sondennahrung. Sozialrechtlich ist die Sondenernährung für die Verordner nach § 31 SGB V budgetrelevant. Der Anspruch der Versicherten auf Erstattung medizinisch indizierter bilanzierter Diäten ergibt sich aus § 27 und § 31 SGB V in Verbindung mit der gültigen Fassung Nummer 17.1 i der Arzneimittelrichtlinie. Sonden und weitere notwendige Materialien zur Durchführung der enteralen Ernährung sind Hilfsmittel (Medizinprodukte) und werden von den Kostenträgern übernommen. Das Sozialgesetzbuch 5 gibt in § 31 Punkt 1 Arznei- und Verbandsmittel vor, dass der Bundesausschuss der Ärzte und Krankenkassen in den Richtlinien nach § 92 Abs. 1 Satz 2 Nr. 6 festzulegen hat, in welchen medizinisch notwendigen Fällen Aminosäuremischungen, Eiweißhydrolisate, Elementardiäten und Sondennahrung ausnahmsweise in die Versorgung mit Arzneimitteln einbezogen werden. [42] Da die vom Bundesausschluss der Ärzte und Krankenkassen geänderte Fassung der Arzneimittelrichtlinie noch nicht umgesetzt ist, gilt die bisherige Fassung der Arzneimittelrichtlinie vom 31. August 1993. In Zusammenhang mit dem SGB V § 31 Punkt 1 ist medizinisch indizierte enterale Ernährung ausnahmsweise in die Versorgung mit Arzneimitteln einbezogen.

9 Schlussbetrachtung

Obwohl die Notwendigkeit eines adäquaten Ernährungszustandes für die Erhaltung und Wiederherstellung von Gesundheit und allgemeinem Wohlbefinden weitgehend bekannt ist, ist der Stellenwert, den die Ernährung im Rahmen ärztlicher und pflegerischer Maßnahmen einnimmt, meist unverhältnismäßig gering. Vielfach werden Ernährungsprobleme in Kliniken oder Altenpflegeeinrichtungen weder wahrgenommen noch Konsequenzen daraus gezogen. Grundvoraussetzung für die Wiederherstellung der Gesundheit und Lebensqualität ist, dass eine entstehende oder bereits manifeste Mangelernährung er-

kannt wird. Erst dann kann der Patient einer angemessenen Ernährungstherapie zugeführt werden. Das Bewusstsein für die Bedeutung des Ernährungszustandes sollte nicht erst bei klinisch manifester Mangelernährung, sondern bereits beim Auftreten von Einflussfaktoren, die zur Mangelernährung und da-
rausfolgender Kachexie führen können, einsetzen. In diesem Zusammenhang
kommt den Pflegekräften eine besondere Bedeutung zu, da sie mit den Patienten kontinuierlich in Kontakt stehen und deren Lebenssituation - z. B. im Rahmen der häuslichen Pflege - am besten kennen. Durch eine früh einsetzende
Ernährungstherapie in Form von Trink- und Sondennahrungen wird eine Steigerung der Nähr- und Wirkstoff-, sowie Flüssigkeitszufuhr und eine Verbesse-
rung des Ernährungszustandes erzielt, so dass vielfach den gravierenden klinischen und in der Folge davon auch ökonomischen Auswirkungen einer Mangelernährung vorgebeugt werden kann.

Zusammenfassung
Die enterale Ernährung mit Trink- oder Sondennahrungen findet ihren Einsatz
als klinische Ernährung bei Patienten, die nicht essen können, dürfen oder wollen. Als Applikationsmöglichkeiten stehen die orale Aufnahme oder die Verabreichung über eine transnasale oder perkutane Sonde (PEG oder FKJ) zur Verfügung. Die enterale Ernährung dient der Deckung des Energie-, Nähr- und
Wirkstoffbedarfs. In bestimmten Fällen, wie beispielsweise bei chronisch ent-
zündlichen Darmerkrankungen, ist sie wichtiger Bestandteil des therapeuti-
schen Konzepts. Eine enterale Ernährung mit Trink- oder Sondennahrung sollte
gewählt werden, wenn stabile Stoffwechselverhältnisse vorliegen und eine zumindest partielle digestive und absorptive Funktion des Gastrointestinaltrakts
vorhanden ist. Um den Anforderungen der Diätverordnung zu genügen, sollte
auf die Verabreichung von sogenannten Küchensonden oder selbstzubereiteten
Trink- oder Sondennahrungen zugunsten industrieller bilanzierter Diäten ver-
zichtet werden. Bei der enteralen Ernährung werden grundsätzlich Trinknah-
rungen und Sondennahrungen unterschieden. Kontraindikationen der enteralen
Ernährung sind beispielsweise Ileus, hochgradige Stenosen im Bereich des Magen-Darm-Kanals, unstillbares Erbrechen, akute Pankreatits (relative Kontraindikation) oder schwere Stoffwechselentgleisungen. In diesen Fällen ist eine parenterale Ernährung möglich. In 90 Prozent der Fälle ist jedoch eine enterale
Ernährung mit Trink- oder Sondennahrung indiziert. Die Kosten einer enteralen
Ernährung sind bis zu 130 Prozent geringer als unter parenteraler Ernährung.

**Autor: Sven-David Müller, M.Sc., staatlich anerkannter
Diätassistent, Diabetesberater DDG, Wen-
denschloßstraße 439, 12557 Berlin,**
www.svendavidmueller.de

Literatur:
[1] Kalde S. et al.: Enterale Ernährung - leicht gemacht. Gustav Fischer Verlag, Stuttgart, 1997
[2] Fell JM et al.: 1999. In: Bistrian BR, Walker-Smith JA. Inflammatory Bowel Diseases, Karger, 1999

[3] Beattie RM et al.: Responsiveness of IGF-I and IGFBP-3 to therapeutic intervention in children and adolescents with Crohn's disease. Clin Endocrinology 1998; 49: 483-486

[4] Süttmann U et al.: Malnutrition and Immune Dysfunction in Patients Infected with Human Immunodeficiency Virus. Klin. Wochenschr. 1991; 69: 156-162

[5] Jordan A et al.: Enterale Ernährung tumorkranker Patienten. Akt. Ernähr.-Med. 1997; 22: 4-8

[6] Hackl JM, Balogh D: Indikation zur künstlichen Ernährung - Was ist gesichert? Akt. Ernähr.-Med. 1997; 22: 146-153

[7] Eich A: Enterale Ernährung - Sondenernährung in der Pflegepraxis. Ullstein Medical, Wiesbaden 1998

[8] Teasley-Strausburg KM (Hrsg.): Nutrition Support Handbook. Cincinnati 1992

[9] McWhirter JP, Pennington CR: Incidence and recognition of malnutrition in hospital. BMJ 1994; 308: 945-948

[10] Rabast U: Künstliche Ernährung - Allgemeine Einführung und Definition. In: Götz ML, Rabast U (Hrsg.): Diättherapie - Lehrbuch mit Anwendungskonzepten. Thieme-Verlag, Stuttgart 1999

[11] Volkert D: Besondere Anforderungen an die Ernährung im höheren Lebensalter. EU 1994; 41: 260-264

[12] Hohner E, Prinz A: Aktuelle Aspekte der enteralen Ernährung. EU 1993; 40: 4-10

[13] Graßmann S: Enterale Ernährung. intensiv 1995; 3: 82-86

[14] Huth K, Schmitz JE: Parenterale Ernährung und Sondenkost. In: Huth K (Hrsg.) Lehrbuch der Ernährungstherapie. 2. Aufl., Thieme-Verlag, Stuttgart, 1995

[15] Wiedeck H: Enterale Ernährung bei Patienten der Intensivmedizin und in der frühen postoperativen Phase. Z. Gastroenterol. 1989; 27 Suppl.2: 49-52

[16] Moore FA, et al.: Early enteral feeding, compared with parenteral, reduces postoperative septic complications. The results of a meta-analysis. Ann Surg 1992; 216: 172-183

[17] Senkal M. et al.: Kostenvergleich der enteralen versus parenteralen Ernährungstherapie nach Gastrektomie. Akt. Ernähr.-Med. 1995; 20: 16-22

[18] Müller M.J.: Ernährungsmedizinische Praxis. Springer, Berlin 1998

[19] Spaeth S. et al.: Bulk prevents bacterial translocation induced by the oral administration of total parenteral nutrition solution. JPEN 1990; 14: 442-447

[20] Alverdy JC et al.: Effect of commercially available chemically defined liquid diets on the intestinal microflora and bacterial translocation from the gut. JPEN 1990; 14: 1-6

[21] Senkal M et al.: Kostenvergleich der enteralen versus parenteralen Ernährungstherapie nach Gastrektomie. Akt. Ernähr.-Med. 1995; 20: 16-22

[22] Rodriguez-González A et al.: The Evaluation of Nutritional Status in General Medical Patients. Clin. Nutr. 1988; 7: 177-181

[23] Dinkel RH, Görtler E: Die Bedeutung des relativen Körpergewichtes für Mortalität und Morbidität von Patienten bundesdeutscher Akutkrankenhäuser. Akt. Ernähr.-Med. 1992; 17: 123-131

[24] Volkert D: Ernährung im Alter. Akt. Ernähr.-Med. 1996; 21: 200-202

[25] Seiler WO: Hohes Vorkommen von Malnutrition bei kranken Betagten. EU 1999; 46: 168-172

[26] Vellas B: effects of the Aging Process on the Nutritional Status of Elderly Persons. In: Munro H, Schlierf G (Hrsg.): Nutrition of the Elderly. Nestlé Nutrition Workshop Series 1992, Vol. 29

[27] Huchzermeyer H, Dormann AJ: Erfassung und Beurteilung des Ernährungszustandes älterer Menschen. EU 1999; 46: 91-94

[28] Volkert D et al.: Nährstoffzufuhr bei hochbetagten Menschen. EU 1988; 35: 348-351

[29] Seymour DG: Nutrition and Morbidity in the Elderly Surgical Patient. In: The Mini Nutritional Assessment (MNA). Facts and Research in Gerontology, Supplement: Nutrition 1994; 97-104

[30] Reilly HM: Screening for nutritional risk. Proc. Nutr. Soc. 1996; 55: 841-853

[31] Heseker H: Mit dem Appetit schwindet auch die Lebensqualität. Selecta 1996; 34: 16-18

[32] Selberg O, Müller MJ: Ursachen der Tumorkachexie. Akt. Ernähr.-Med. 1992; 17: 274-277

[33] Allison SP: The uses and limitations of nutritional support. Clin. Nutr. 1992; 11: 319-330

[34] Hill GL: in Disorders of nutrition and metabolism. Edigburgh: Churchill Livingstone, 1992

[35] Foster MR et al.: A Prospective Assessment of Nutritional Status and Complications in Patients with Fractures of the Hip. J. Orthop. Traum 4(1) 1990: 49-57

[36] Haydock DA, Hill GL: Impaired wound healing in surgical patients with varying degrees of malnutrition. JPEN 10 (6) 1996: 550-554

[37] Watzl B et al.: Ernährung und Immunsystem. EU 1994; 42: 368-377

[38] Sullivan DH, Walls RC: The Risk of Life-Threatening Complications in a Select Population of Geriatric Patients: The Impact of Nutritional Status. J Am. Coll. Nutr. 1995; 14 (1): 29-36

[39] Reilly J.R. et al.: Economic Impact of Malnutrition: A Model System for Hospitalized Patients. JPEN 1988; 12: 371-376

[40] Tucker HN, Miguel SG: Cost Containment through Nutrition intervention. Nutr. Rev. 1996; 54 (4) 111-121

41 Amtsblatt der Europäischen Gemeinschaft, 7.4.1999, L91/29, Richtlinie 1999/21/EG DER KOMMISSION vom 25. März 1999 über diätetische Lebensmittel für besondere medizinische Zwecke, S 29-36
42 5. Sozialgesetzbuch (SGB) Fünftes Buich (V) – Gesetzliche Krankenversicherung, Februar 2000, S 25, 30